EL PRINCIPIO DE LOS

# zorrillos BEBÉS

MEG GREVE

CREATIVE EDUCATION • CREATIVE PAPERBACKS

# CONT

# ENIDO

# SOY UN CACHORRO DE ZORRILLO.

Soy un zorrillo bebé.

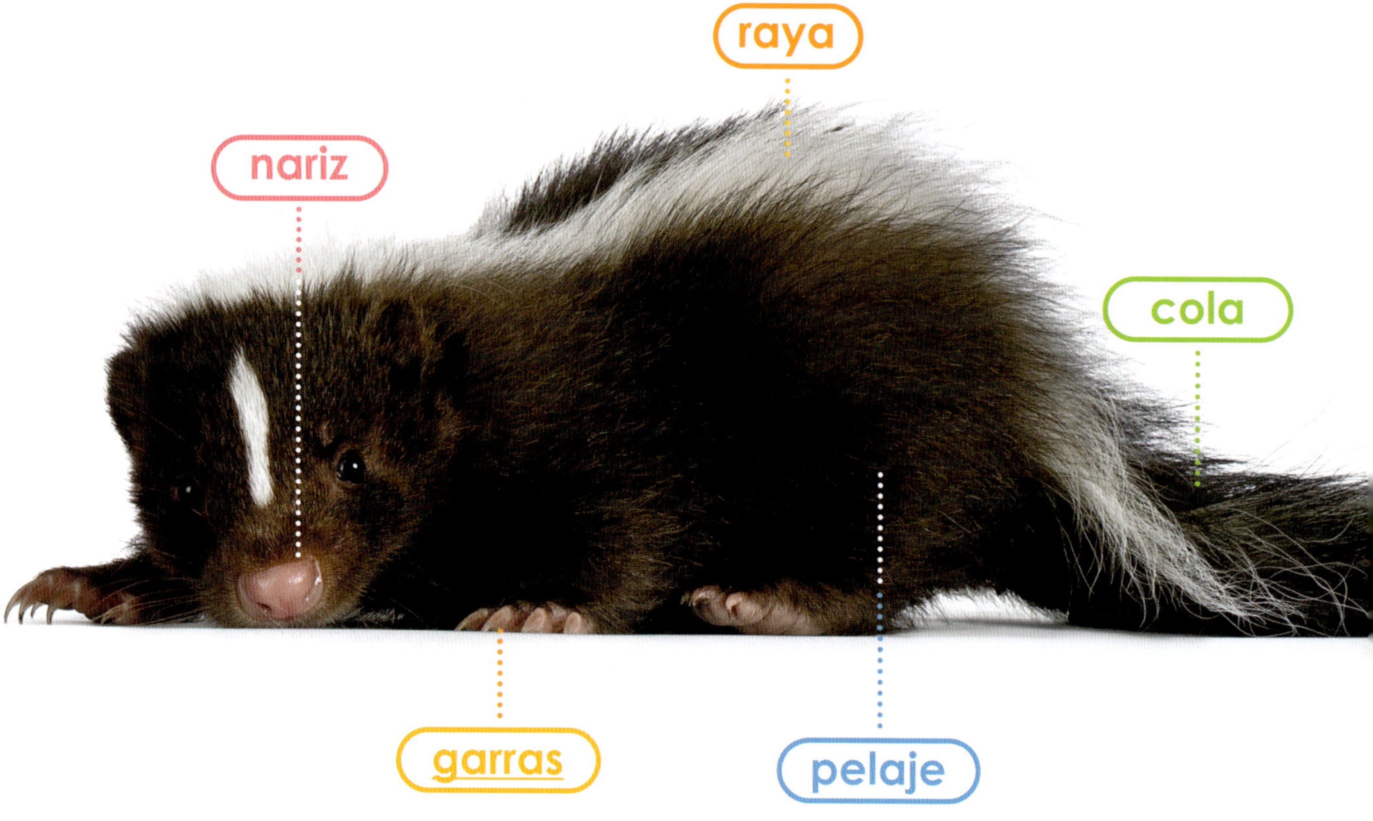

¿Ves mis rayas? ¡Les dicen a otros animales que se mantengan alejados!

Nací en una madriguera cálida cubierta de hojas.

Mi mamá me levanta.
Bebo su leche. Crezco.

**En cinco semanas**, dejo la madriguera. Estoy listo para explorar.

¡Mi nariz es buena para oler muchas cosas!

Aprendo a buscar comida.

Como plantas, insectos y huevos. Cuando tengo miedo, levanto la cola. Libero un líquido. ¡Apestoso!

Ahora puedo protegerme.

# HABLA Y ESCUCHA

¡IH-IH

# ¡IH-IH!

¿Puedes hablar como un cachorro de zorrillo? Los zorrillos bebés chillan y emiten sonidos agudos.

Escucha estos sonidos:

https://www.youtube.com/watch?v=1ZSOQF7iylY

¡Ahora es tu turno!

# PALABRAS RELACIONADAS CON LOS CACHORROS DE ZORRILLO

**garras:** uñas duras y afiladas en las patas de un zorrillo

**líquido:** un aceite maloliente que los zorrillos expulsan de las glándulas que tienen bajo la cola

**madriguera:** un hogar para los cachorros de zorrillo en un lugar seguro, como bajo las rocas o en un árbol hueco

**proteger:** evitar daños; mantener a salvo

# ÍNDICE ALFABÉTICO



**PUBLICADO POR CREATIVE EDUCATION Y CREATIVE PAPERBACKS**
P.O. Box 227, Mankato, Minnesota 56002
Creative Education y Creative Paperbacks son sellos editoriales de The Creative Company
www.thecreativecompany.us



**LIBRARY OF CONGRESS CATALOGING-IN-PUBLICATION DATA**
Names: Greve, Meg, author.
Title: Zorrillos bebés / Meg Greve.
Other titles: Baby skunks. Spanish
Description: Mankato, Minnesota : Creative Education and Creative Paperbacks, [2025] | Series: El principio de los | Includes index. | Audience: Ages 4-7 | Audience: Grades K-1 | Summary: "Introduce beginning readers to the pungent world of baby skunks with this life science starter, in North American Spanish. Includes photos, a labeled animal diagram, "Make a Noise" section, and glossary"-- Provided by publisher.
Identifiers: LCCN 2024019463 (print) | LCCN 2024019464 (ebook) | ISBN 9798889894872 (library binding) | ISBN 9781682777084 (paperback) | ISBN 9798889894971 (ebook)
Subjects: LCSH: Skunks--Juvenile literature. | Skunks--Infancy--Juvenile literature.
Classification: LCC QL737.C248 G74818 2025 (print) | LCC QL737.C248 (ebook) | DDC 599.76/81392--dc23/eng/20240507

**DISEÑO Y PRODUCCIÓN**
Diseño por Rhea Magaro
Producción de Beeline Media and Design, Inc.
Dirección artística de Tom Morgan

**FOTOGRAFÍAS** de Alamy Stock Photos/Don Johnston, 7; Dreamstime/Chris Brignell, cover, Dssimages, 9, Geoffrey Kuchera, 10, Holly Kuchera, 8, Matthijs Kuijpers, 5; Shutterstock/Betty Shelton, 6, Bohbeh, 13, Eric Isselee, 11, Nynke van Holten, 2, 4, 12, 14

Impreso en China